在这里，了解并且爱上这座城市⋯⋯

U0331781

三姑牛肉饼 …… 126

至美斋酱牛肉 …… 136

会宾楼 …… 146

来顺成 …… 156

顶料轩素货 …… 166

伊兰砂锅烧烤 …… 174

盛发号牛肉 …… 184

漫谈清真食品 …… 196

易精品酒店 …… 200

士林西餐 …… 208

小伦敦 …… 216

薛氏菜馆 …… 224

宽庭酒店 …… 232

利民调料 …… 240

目录 CONTENTS

正阳春鸭子楼 …… 004

老鸟市包子（姜记包子铺）…… 014

二嫂子煎饼馃子 …… 022

味福居 …… 028

老姑砂锅 …… 038

津酒——飘香天津卫 …… 048

万家合海鲜美食城 …… 056

鱼艳食府 …… 066

福字蒸饺 …… 076

吃在天津卫 …… 086

大福来 …… 088

1618清真公馆 …… 098

蛤蟆吐蜜 …… 110

杨巴饺子馆 …… 118

Route   01

正｜阳｜春｜鸭｜子｜楼

作为天津的第一家烤鸭店，与许多百年老店一样，正阳春有着很辉煌的历史与栩栩如生的故事。

作为一个土生土长的北京人，我对烤鸭的热情绝不是一句"喜爱"就能形容得了的。吃得多了，自然嘴也就刁了。吃来吃去，总结出个经验，要吃正宗的烤鸭咱还得去老字号。

提到老字号的烤鸭店，在北京，人们自然而然想到全聚德，来到天津，那必然首推正阳春。两家本属同宗，虽各具特色，但是无论从鸭子的烤制还是口感上来看，绝对有异曲同工之妙。

作为天津的第一家烤鸭店，与许多百年老店一样，正阳春有着很辉煌的历史与栩栩如生的故事。每次与天津的朋友去吃烤鸭，他们都要给我讲上一段。最为天津人津津乐道的自然要属毛主席的用餐记。1958年，毛主席到正阳春吃饭，引发了群众的围观。一我采访过的一位长者曾经亲历了现场，"正阳春周围是密密麻麻的人群，几条街道都塞满了人，大有将整个正阳春店面抬起来的趋势"。

自打这件大事以后，正阳春的名气可算是享誉全国了。不过，我总以为，一件知名的事件可以成就一家饭店，但是要想真正做到老字号、长远发展，那必须得有自己的特色与实力。正阳春可以算是将百年传统与独特风格融入骨髓了。

正阳春的烤鸭采用果木明火烤制45~50分钟，烤制后的鸭子色泽枣红、外焦里嫩，诱人的香味儿扑鼻而来，瞬间让我有种捧着鸭子直接咬上一口的冲动。师傅们的片鸭技术，那更是一绝。每只鸭子大约100~110片，每片5~6克左右。这可一点儿不夸张，好奇心重的李超曾经称过，真的是每片不多不少，5~6克。

◎每片鸭子的重量必须在5~6克

◎到了天津，鲜贝得这么做

◎鸭油包，在全中国的烤鸭店都很难找到第二家

夹上一片皮脆肉嫩的鸭肉，蘸上人家特制的面酱，裹上鸭饼、黄瓜，张大嘴这么咬上一口，真是吃一次爱（nài）一次，吃一次想下一次……

除了烤鸭，对于我一个外地人来说，正阳春还有一个吸引我的其实是"津门独一份"的鸭油包。来天津之前，我真的是听都没听过这种吃食。不过，吃过正阳春的鸭油包之后啊，作为有着四分之一天津血统（我的姥爷是天津人）的

北京人，我都觉得骄傲。现代社会，交通便利，全国各地，包括国外的小吃只要在家轻轻一点鼠标，哪儿的咱尝不到？不过，咱这鸭油包可就是个例外，要想吃啊，还就得来咱天津正阳春了。鸭油包得趁热吃才最香，一口咬下去，嚼一嚼是齿颊留香。每次有外地的朋友来天津找我，作为"导游"的我，都要带他们去尝尝鸭油包，才算是"尽地主之谊"了。

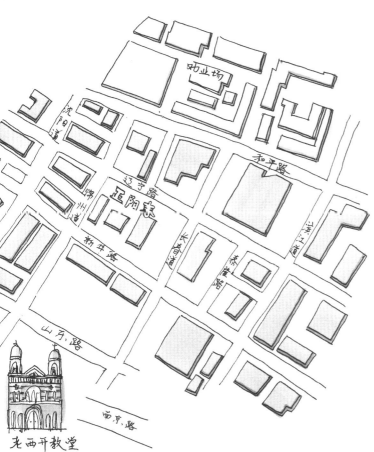

老西开教堂

南京路

吃

正阳春
鸭子楼

地址：和平区辽宁路
146号（长春道口）
电话：022-27303335

Route　02

老│鸟│市│包│子（姜记包子铺）

　　天津人最爱吃、吃多少还不腻的，就是那些扎根在咱老百姓中间的包子铺，我跟您说，老鸟市包子铺就是这样的一个包子铺。

　　咱天津的包了在全国乃至全世界那都是有一号的，天南海北的游客来了天津，包子那是必吃的，但吃哪儿的包子呢？外地人说了，狗不理？老天津人立马告诉你，那绝对不能代表我们天津卫包子的全部！天津人最爱吃、吃多少还不腻的，就是那些扎根在咱老百姓中间的包子铺，我跟您说，老鸟市包子铺就是这样的一个包子铺。

　　这老鸟市包子铺，顾名思义，就在天津大胡同的老鸟市这

片，到现在已经干了三辈儿了，算起来也有八十多年了。老鸟市这地儿那可是老天津卫的聚集地，多少吃货老饕都在这儿，人家这包子铺能在这儿干这么长时间，干得还倍儿火，那口味上绝对是错不了的。

这家包子口味之所以好，关键就在这做包子的各道工序上了，您得说了，这包子不就是皮包上馅么，哪有什么工序可言啊？但我跟您说，老鸟市包子的皮和馅那都是有讲究的。首先说这包子皮，面可是用老面肥和纯碱发的，发出来的面您切开看，都是蜂窝状的小洞，这就算发好了，这样发出来的面有弹性、不黏，还能保证包子汁水不被面吸走。再说说人家这馅，是天

津卫传统的水馅。所谓水馅，就是在和馅的时候，除了肉、菜以外，还得添上高汤，所以这蒸出来的包子那都是一咬一兜油的。在老鸟市包子铺，和馅除了加高汤，还有一样独门秘诀，就是在馅里加天津的老味酱油。这老味酱油的配方正是老鸟市包子铺的第二代传人姜万友姜老爷子总结的，这位有名的津菜大师，用传统配方做出的老味酱油鲜味醇厚，调出来的馅自然就好吃了。

　　皮好馅好，包子那就好吃；包子好吃呢，食客就少不了。来这儿吃的，不仅有天津本地的，还有外地的游客慕名而来，甚至还有国际友人，比如说日本的、

澳大利亚的游客也都来这儿吃过。天津那是曲艺之乡，好曲艺的大多数好吃，一些曲艺演员就专门来这儿吃包子，比如咱天津著名的时调表演艺术家王毓宝，就好老鸟市包子这一口，从年轻的时候开始吃，一直吃到现在。

有八十多年传承的包子，有老人、有老味，所以在天津吃包子，老鸟市包子铺那是必须得去的。

◎津菜大师姜万友

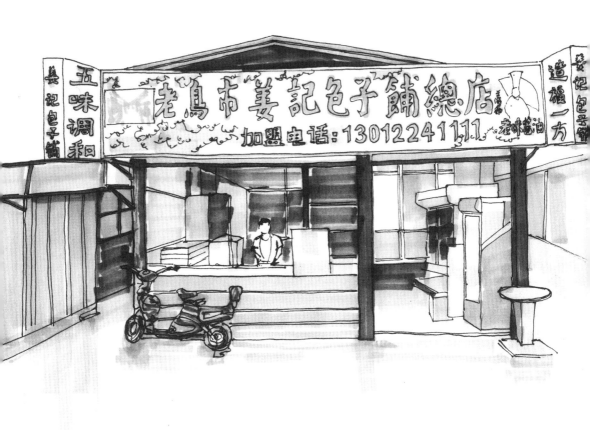

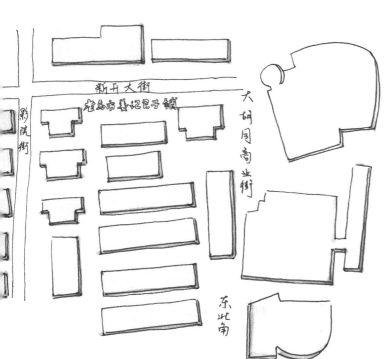

吃

老鸟市包子

地址：红桥区大胡同新
开大街(天一坊对面)

Route 03

二｜嫂｜子｜煎｜饼｜馃｜子

买二嫂子家的煎饼馃子已经很多年了，买得多了自然也和他们熟络起来。一次，和她家的二哥谈起名字的由来，这二哥家祖传的煎饼馃子，怎么就叫了"二嫂子煎饼馃子"呢？

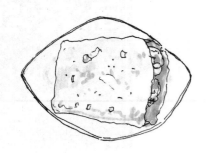

　　郭德纲在相声段子里说："在北京十几年，对天津小吃特别怀念。全世界，整个地球的煎饼馃子咱这儿最好。"对于外地人来说，听了这段儿就图一乐儿，不过咱天津人听了绝对是深有感触，那冒着热气儿的煎饼馃子早就超越了吃食，成了咱天津文化的代表。

　　不过您知道这全世界最好吃的煎饼馃子，郭德纲最爱哪家吗？巧了，我还真知道这家铺子。人家的店主是二嫂子，不过嘛，真心确认不是我们家那口子……

　　买二嫂子家的煎饼馃子已经很多午了，买得多了自然也和他们熟络起来。次，和她家的二哥谈起名字的由来，这二哥家祖传的煎饼馃子，怎么就叫了"二嫂子煎饼馃子"呢？一谈起他家的历史啊，二哥指着那祖祖辈辈儿传下来的石磨，一副说来话长的样子。

　　其实他家煎饼馃子已经有一百多年的历史了，到了二哥这辈儿已经是第四代传人。二哥的太姥爷最初经营的时候，是担着个小担，带着提盒炉子，走街串巷地卖煎饼馃子。到了他姥爷这辈儿呢，小担改成了小车。到了他母亲这辈儿就成了三轮车了。他母亲去世后，百年的煎饼馃子差点儿失了传，老主顾们不干了，急着叫二嫂子接班，于是开了店，这煎饼馃子铺也就顺理成章地叫了"二嫂子煎饼馃子"。

　　"这石磨就是当初我太姥爷用的，我们现在还用它自己磨绿豆，有人出两万我都没卖。"二哥看着这石磨，仿佛祖上传下来的古董一样，满眼的骄傲神情。除了这二百多年历史的碾子，二嫂子煎饼馃子的配方、工艺也和二百年前没有丝毫差别。我就在想，好穿越啊，二百年前老天津卫人吃煎饼、做煎饼的样子是不是也这样呢？如果是，那就太哏儿了！

◎在天津，这叫馃篦和馃子

二嫂子煎饼馃子火了，爱吃的人也越来越多。有红桥区的老吃主特意大老远儿地赶来和平区"解馋"；有众多明星大腕儿们成了这儿的老主顾；郭德纲每年过年都会让家里人来订60套；来天津参加达沃斯夏季论坛的政商宾朋，一订就是450套……

◎ 一套煎饼馃子，浓缩天津市井生活的精华

©二嫂子家最珍贵的宝贝——传承三十年的一面锦旗

对于这些执著的热爱，我和咱天津人一样，多半都能理解，时过境迁，天涯海角，骨子里最爱的不过是一份正宗的家乡吃食，最怀念的也无非是种再简单不过了的老味儿。

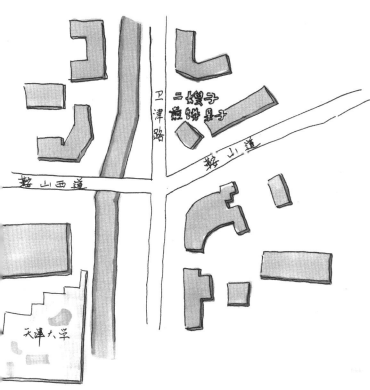

吃

二嫂子
煎饼馃子

地址：和平区卫津路
（鞍山道口热点水煮鱼
旁）
电话：13820568877

Route　04

味｜福｜居

去味福居吃饭，地方不大好找，不过只要您开到泰达开发区第三大街，也就基本找着了。说它特别，不单单是味道和食材本身，一走进去，那种扑面而来的风格化的设计感先给您来了第一波视觉冲击。

　　在这本书中，我们曾经不止一次提到天津人的饮食习惯。不南不北、粗犷中有着一份精致，那是最好的饮食标签和符号。其实天津人对吃还有一个特别大的特点，吗？改变，改变成适合自己口味、适合自己习惯的一种正宗天津卫吃食。

　　先说煎饼，源于山东，这毫无争议。但到了天津，加上面酱、葱花，夹上果子、果算就变成了正宗天津卫食品煎饼果子了。而涮肉火锅羊蝎子，这本属于正宗老北京的吃食，到了本章主角这里就变成了高端、大气、上档次的天津卫名吃啦。

　　去味福居吃饭，地方不大好找，不过只要您开到滨海新区开发区第三大街，也就基本找着了。说它特别，不单单是味道和食材本身，一走进去，那种扑面而来的风格化的设计感先给您来了第一波视觉冲击。味福居的老板是个文化品位很独到的人，店里大到装饰风格，小到桌椅摆放，无不亲力亲为以求做出自己的味道。说真的，在天津卫，我们栏目组的人也算是老饕级别。一个火锅店能做到窗明几净，装修别致，味道上乘，真不多见。

　　味福居的主打就是涮肉和羊蝎子，辅以一些大厨花了自己小心思的创意烤制品。涮锅着实讲究，景泰蓝的小锅是既养眼又卫生。牛羊肉就不用再多说了，在食品安全问题让您终日惴惴的当下，您在这儿吃涮肉，可以放一百二十个心。再说烤制品，这里的烤虾，我得向您极力推荐。一是守着渤海湾，人家这食材绝对没问题。二来，也不知道人家经过怎样的妙手操作，反正这儿的烤虾是我长这么大吃过最好吃的一家了。

◎到味福居，硬磕菜上来之前先是一份精致的天津卫甜点

◎简单，更显匠心

吃火锅，环境和食材那都是硬磕的条件。除此之外，我再给您说点儿这里别致的小细节。之前说了，味福居的老板品位独到，所以在一些细小的方面真的是颇费心思。甭管是饭前还是饭后（这得看您习惯），都会给您上几个小碟，算是配餐。那这小碟里都是吗呢？豆根糖、山楂片、果丹皮等等等等……总之，想找寻您在天津卫儿时的老回忆，味福居那也是一个不错的地界儿哦。

◎古色古香，传统又不失时尚的设计随处可见

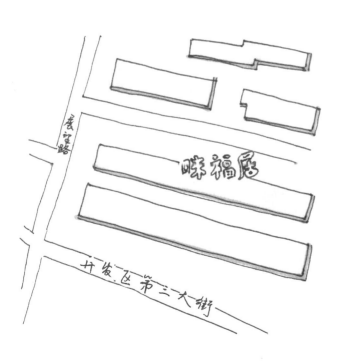

吃

味福居
火锅料理店

地址：滨海新区开发区
第三大街21号财富星座
后街底商38号
电话：022-25320860

Route 05

老｜姑｜砂｜锅

　　每次和友人三五成群唱完了歌，或是加班到深夜，总是第一个想到老姑砂锅。饥肠辘辘之时，来上两个热腾腾的砂锅，再叫上几把烤串，一群好友，喝着酒，谈着天，你一言我一语，想想都觉得是美事。

◎ "马砂"，是天津夏夜的不二选择

　　将食物比作人的性格，我觉得用砂锅来形容咱北方人倒是很贴切。大方、热情，又不失精细。若是非要从咱天津卫选一家代表，老姑砂锅不错。

　　一进门，长长的一溜海鲜特别抢眼，瞬间让人有种想要大快朵颐的欲望。老姑总是远远儿地就迎了出来，拉着我寒暄半天才肯放我吃饭。虽然环境的吵闹已经让我听不大清她说的话，不过看着老姑的笑脸我就觉得心情大好，这可爱的性格真是太像她家的砂锅了。

　　爱上一座城市，可以因为一个人，因为一处风景，当然也可以因为一道美食。来到天津这些年，早已经入乡随俗，天津之于我，或许已经超越了第二故乡，有了更难以言表的深厚感情。就如这砂锅，无论在家乡北京还是在上大学时的南京，我都常吃砂锅，可这些年来，我却独独爱上了天津特有的海鲜砂锅。有时我都分不清，这究竟是因为对海鲜的特别喜爱，还是出于对天津的独特情感。

老姑砂锅营业中

◎海鲜，是老姑砂锅一大特色

◎老姑与她的嫂子，人称老婶。老婶说了，她和刘欢是中学同班同学，结果两个胖子一个开饭馆，一个成了腕儿了。

"没座位了吗？""您几位？六位，这边请。"在这里，说话永远都是靠喊的。你若吃得高兴了，想哼几句小曲儿，但又怕自己跑了调，在这儿大可不必担心，因为，根本没人听得到。

◎来天津吃「马砂」，醋椒豆腐必须要点

　　每到夜里，吃砂锅的人总是络绎不绝，各个年龄，各个阶层，老姑砂锅简直就是浓缩了的世间百态。有时真的不得不佩服老姑的精气神儿，每天营业到凌晨四点，她总是那么精力充沛，有条不紊地指挥着前台和后厨。天津卫用称谓命名的饭馆真不少，而且绝对一大地方特色。吃砂锅嘛，找老姑，准保没错！

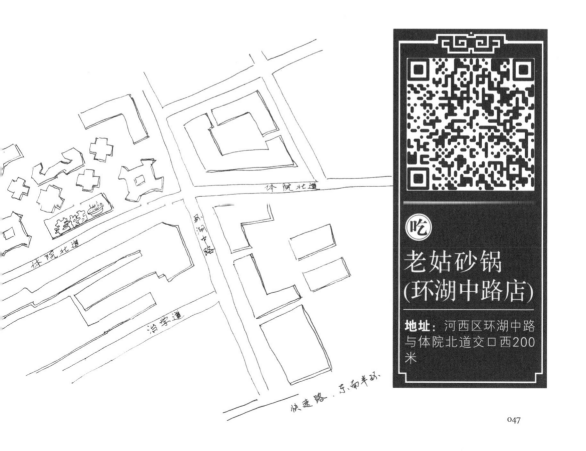

吃

老姑砂锅
(环湖中路店)

地址：河西区环湖中路与体院北道交口西200米

Route 06

津 | 酒 | —— | 飘 | 香 | 天 | 津 | 卫

从大直沽起步，天津的烧锅酒、高粱白酒南迁北渡、漂洋过海，影响了很多地方的酿酒业。至今，老天津卫人耳熟能详、津津乐道的直沽高粱，不但是一种味道的传承，更是一段历史的见证。

　　天津卫河海交会，水多，同样这专属于水的地名也多。如果非要选一个以水为名最多的，那便是这"沽"了。话说天津卫有七十二沽，每个沽过去都是水资源极其丰富。所以不敢说每个沽都具备酿出好酒的资质，但是从酒作坊到酒厂，那必须得建在这七十二沽的某几个沽旁边。

天津酿酒业历史相当悠久，跟天津建卫的历史相差不多，而且这最初的酿酒烧锅作坊大本营便在天津的发祥地之一大直沽。从大直沽起步，天津的烧锅酒、高粱白酒南迁北渡、漂洋过海，影响了很多地方的酿酒业。至今，老天津卫人耳熟能详、津津乐道的直沽高粱，不但是一种味道的传承，更是一段历史的见证。

大直沽的烧锅业始于明、盛于清，但却毁于清末民初那段动荡的岁月。1949年以后，通过对地下水质的勘察测评，当年红极一时的大直沽几十家烧酒作坊通过进一步整合，一路北上，来到了另外一沽丁字沽，建起了新的天津白酒厂。变的是地方，不变的是传承，所以异地建厂之后，天津卫的白酒照样飘香全国。

我们节目组曾经好几回打着做节目的旗号，去跟酒厂里的国家级品酒大师盘道。就想问问人家，咱天津卫的白酒究竟哪儿好？人家说了，就是坚持传统，严控质量。高粱必须是东北最好的，淀粉含量最高的，盛酒的容器必须是古董级能够沉淀的。总之一句话，从这个酒厂门里出去的酒，甭管是几块钱

◎高粱白酒，当属天津卫

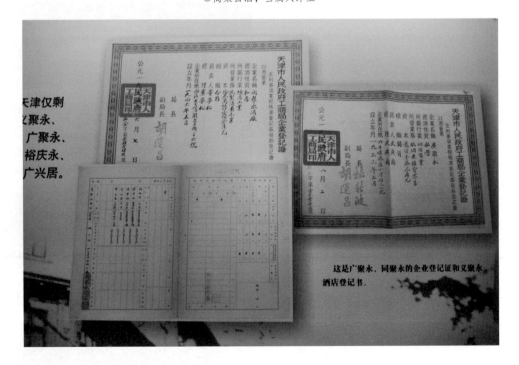

天津仅剩
义聚永、
广聚永、
裕庆永、
广兴居。

这是广聚永、同聚永的企业登记证和义聚永
酒店登记书。

的佳酿和直沽高粱，还是上百上千的大帝王和年份酒，只要一喝，您立马能感觉得到，这是地地道道的白酒味儿，这是地地道道的天津卫白酒味儿。

如果从大直沽烧锅作坊算起，天津卫的白酒已经走过了近七百年，如果从重新来到丁字沽建厂之后算起，津酒这面大旗也迎风招展一个甲子多了。天津人讲话，喝酒喝厚，耍钱耍薄，天津卫的白酒就和重情重义的天津人一样，浓香醇厚、历久弥新。

Route　07

万│家│合│海│鲜│美│食│城

　　地处北运河边，河海两鲜做得地道那是情理之中。不过最让我眼前一亮的其实是他家的两道特色菜品。

　　老话讲吃鱼吃虾，天津为家。原因就一个，咱天津卫的地理位置决定了这里的人独特的饮食文化习惯。吃鱼虾，天津人就是嘴刁，没辙，那是老祖宗留下的本事。

　　一次，参加一个朋友办的满月酒，倒是让我发现了这么一个特色饭店，叫万家合海鲜美食城。在天津，我也算是大嘴吃八方了，一般的饭馆还真难打动我。不过这家饭馆的特色，那是打一进门我就感受到了。

进门，一侧，花梨木的龙头椅足够容得下十六七个人，一张就如过去账房先生记账的实木桌子大得有点儿惊人，再加上大厅四周的十二生肖图和随处可见的精致木雕，这饭馆的文化味儿做得那是倍儿足。

　　环境让我陶醉，这菜品同样也让人叫绝。地处北运河边，河海两鲜做得地道那是情理之中。不过最让我眼前一亮的其实是他家的两道特色菜品。一道叫"鸿运当头"，采用酱和压的方式，将整个牛头完整呈现在一道菜中，整整一大盘，看着就食欲倍增。吃着这道菜，不由得让人豪情万丈，虽说是女生，倒也多了份英雄气概，大口肉大口酒，恨不得唱一曲《笑傲江湖》才过瘾。

　　另一道是用更大的盘子装的，名曰"四大抓炒"。所谓四大抓炒，即四种原料、四种颜色、四种口味，更哏儿的是由四位师傅共同完成。四位师傅怎样分工合作我是不太清楚，不过这虾仁、腰子、南瓜、目鱼花的组合，真正做到了既完美融合又蕴含了四种口味特色。比起豪情万丈的"鸿运当头"，这混搭的"四大抓炒"，倒是更合了我们几个女生的口儿。

　　坐在餐桌旁，我一边大快朵颐，一边就在想，有些吃食，有些做法，您还就得到对的地界儿对的点儿去饱尝才叫到位。当年运河连接南北的年代，周围村庄打鱼为生，虽说吃的新鲜，但难免单调。到了今天，运河还在身旁，老味儿还在传承。但与此同时，因为流通的便利，食材的丰富，运河边人们的餐桌上又多了南来北往流行的各种菜式佳品，我觉得吧，这是嘴有福，更是这里的人有福。

Route　08

鱼｜艳｜食｜府

　　这家的鱼据说产自水库，味道只有一个字，赞！不光鱼好啊，人家也会养，就在人家那整个大厅里，弄了老么大个儿一纯野生的鱼类池，你就顺着这鱼池走吧，吗样的鱼都能见着，人家吃鱼现捞现做，选哪个就给你做哪个。

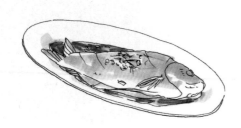

　　在咱天津卫，甭管是老妈妈还是小媳妇，可以说个个都是烹鱼烹虾的高手。天津守海靠河，河海两鲜在天津人的餐桌上那是必备。前些日子，我找着这么一家吃鱼的地界儿，人家那鱼做得好吃极了，就是地方可不老近的，在北辰那儿。不过为了吃咱也不怕远哈，就这地界儿最适合赶个周末，带着亲戚朋友一块儿来了。

　　这家的鱼据说产自水库，味道只有一个字，赞！不光鱼好啊，人家也会养，就在人家那整个大厅里，弄了老么大个儿一纯野生的鱼类池，你就顺着这鱼池走吧，吗样的鱼都能见着，人家吃鱼现捞现做，选哪个就给你做哪个。有一次，我带着董昊他们来这儿吃鱼，好么，董昊给我选了一老大个儿的鱼。临了，还跟我说呢："这才哪到哪儿呀，人家那鱼王你见了吗？那个头儿大得都吓人！"

◎贴饽饽熬鱼

不光鱼肉鲜嫩，人家那做法也不老少的，什么煎、炸、蒸、熘、炖，你就想吧，爱吃吗样的人家都能做来。我最喜欢的还是咱老天津卫最传统的贴饽饽熬鱼，这里每个单间的桌子下都有一大灶，可以烧柴火，就用那最原始的大铁锅炖鱼。一家老小围着这桌子一坐，我们年轻人看着觉得倍儿新鲜，老人呢，又觉得倍儿熟悉，个人有个人的乐呵，心里头美极了！

吃饱喝足，走出饭厅，我才发现，这饭馆的整体呀，其实是一个倍儿有乡村范儿的四合院儿，你吃饱了到院子里遛遛，还能看着散养的野生鸡，甚至还有小毛驴。咱吃的那饼、喝的那粥，可都是这小驴磨出来的棒子面儿做的，你就听它那"嗯啊，嗯啊"的叫声，倍儿哏儿，绝对有农家院的感觉。

我们家老爷子就跟我说了，"我这岁数的人，不比你们年轻的，讲究新鲜口味，我们就爱（nài）这老味儿，吃着顺嘴，心里也觉得舒坦。"

◎鱼，那叫一个鲜

◎自己打鱼自己熬
　自己贴饼自己吃

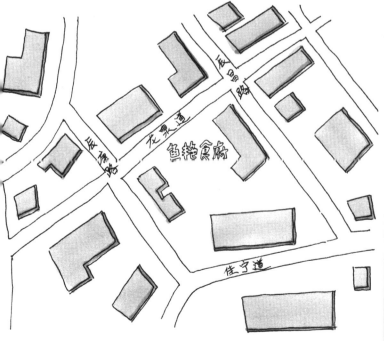

吃

鱼艳食府

地址：近郊北辰区龙泉
道辰达路口
电话：022-26661288

Route　09

福｜字｜蒸｜饺

　　与名字一样，如果非要找到一个词来形容福字蒸饺，我愿是"温暖"。记得在外地上大学的时候，我最惺惺念念的，就是这种温暖的"家的味道"。

寻找福字蒸饺，与其说是对美食的探秘，倒不如说它是一段奇妙的旅行。

第一次慕名而来，在岳阳道上从头走到尾，愣是没寻到，饥肠辘辘，只得别处"觅食"。

◎他家的炸马口鱼，是我在天津吃过味道最好的

第二次一个友人自告奋勇，带我们前来，穿过七拐八拐的小路，绕进一个窄窄的胡同，只见门口对联一副"经此过不去，知味且常来"。寻到这地界儿我是满心欢喜，谁知那天是周日，赶上了人家休息。一个饭店竟然周日休息，我是既失望又好奇。

然后就有了第三次的"寻宝"，终于尝到了美食。再然后，就如对联所说的"知味且常来"了，有了第四次，第五次……再再然后，每次与朋友聚餐，我第一个想到的永远是福字蒸饺，倒不是他家有什么山珍海味，也不是有着多么高档的装潢排场，或许仅仅是因为那个"福"字。

　　与名字一样，如果非要找到一个词来形容福字蒸饺，我愿是"温暖"。记得在外地上大学的时候，我最惺惺念念的，就是这种温暖的"家的味道"。求学归来，最珍惜、最喜爱的依旧是这种味道。而福字蒸饺，恰恰就是用的家常料，做的家常菜，厨师并非专业，但却全是居家做菜有经验的阿姨，布置是家中过年时的红火样子，于是给人的也是家的温馨感受。

◎老板和老板娘

　　我最爱他家的豆芽菜素蒸饺，一次带妈妈来品尝，做得一手好菜的妈妈都夸他们正宗。据听说人家可是选用最好的酱豆腐和芝麻酱，对此我绝对深信不疑，因为我知道正是福字蒸饺的真诚与用心才给了他们这么大的福气。

　　除了可口的蒸饺与小菜，我同样喜欢这里的人和他们的故事。男主人成熟稳重，女主人开朗热情，听着他们将一道道菜的做法娓娓道来，你会拥有与品尝到美食一样的愉悦心情。他们的故事与美食，让你懂得珍惜，即使一个蒸饺，一道小菜，也会让你体味到，生活就像一场旅行，不在乎目的地，在乎的是沿途的风景和看风景的心情。

　　老板说，福字蒸饺是按法定假日准时休息的，即使现在慕名而来的人越来越多，饭店的名气也越来越大，他也要为照顾和陪伴家人留出充分的时间。因为他家菜品完全自创，厨师绝非专业，所以有时菜品会稍稍咸一点儿淡一点儿，但是客人们不会为此不快，因为那是一种幸福的味道，让你想到自己妈妈做菜时认真而快乐的表情。

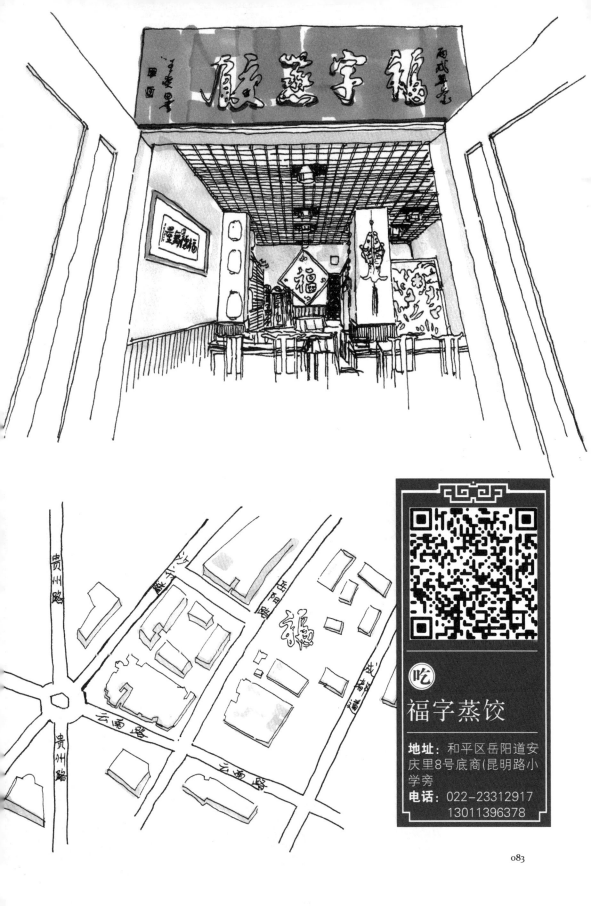

吃

福字蒸饺

地址：和平区岳阳道安
庆里8号底商(昆明路小
学旁
电话：022-23312917
13011396378

口味与优雅并存
一天津五大道

吃｜在｜天｜津｜卫

　　悠悠大运河，在北方三岔河口汇聚，形成了一个繁忙的港湾。这里，货船云集，运上卸下长龙不断，你能在琳琅的货品中发现喜爱的南北物产。这里，人头攒动，各种乡音混杂其间，你能从中找到熟悉的家乡味道。这里，美食汇聚，佳肴小吃香气萦绕，你能在美食中遍尝苦辣酸甜。这里，就是天津的发源地三岔河口，天津食品三绝之狗不理包子、耳朵眼炸糕诞生于此，庆发德的烫面蒸饺、红旗饭庄的罾蹦鲤鱼、大福来的锅巴菜，也出在运河岸边。渐渐地，天津人吃出了学问，吃出了水平，人颂"卫嘴子"，也有了对天津人会吃的俗语"当当吃海货，不算不会过"的描述。

　　天津人的会吃，既不是自夸，更不是自擂。这要从天津的城市特点说起。先说地利，占有河海浅滩平原山地之利，河海两鲜山珍野味自产自销；再说人和，南北人员交流互动，和平相处亲善有佳，各式厨艺登堂献艺服务周全；最后是天时，近代百年天津成为开埠城市，西方饮食、皇宫御宴、贵胄家宴、富豪私菜齐聚津门，提升了天津饮食文化的地位，推动了天津饮食文化的融合，促进了天津饮食文化的创新。因而，天津人的会吃既有理论依据，也有实践证明。天津人爱吃河里的银鱼、紫蟹、刀鱼，渤海湾的对虾和带鱼，做成的银鱼紫蟹火锅、烹烧对虾、红烧带鱼等，都是津菜经典。小吃不小，更是天津饮食文化的特色。耳朵眼、狗不理，已经从过去的小作坊，转变为今天的津门旗帜大餐饮。大福来锅巴菜，由过去的一个小店，发展为今天的全城连锁，成为天津早餐的标志，引无数津门游子魂牵梦绕。天津煎饼果子，享名全国，神州遍地尽开"天津煎饼果子"。南市食品街已经成为天津旅游的一个著名景区，一个外地人了解天津食文化最好的场所。

电影《英雄儿女》中主题歌中有"朋友来了有好酒"的词句，说明了中国人的待客之道。当前，在我们这个快速发展的城市，旅游经济蓬勃向上，餐饮文化是主力军和城市地域文化的象征之一。

我打心眼儿里感谢天津电视台公共频道"这是天津卫"栏目组。他们做了大量的挖掘和宣传天津饮食文化的工作，让老天津卫看得热泪盈眶；让年轻人追随镜头跟进吃；让天津"勤行"看得铆劲儿实干搞服务；让外地游客来津"按图索骥"吃特色；让天津餐饮文化研究不断提升上水平。现在，天津餐饮文化研究形成了一个浓厚的氛围，有越来越多的人参与其中，共同推动天津饮食文化发展和进步。祝愿我们的努力能为这个城市增添光彩，能为天津"卫嘴子"再留下一个新的传说。

（作者系红桥区政协委员，文史学者、津门老饕　刘儒杰）

Route　10

大｜福｜来

　　大福来历经几百年历史，如今照样买卖兴隆、人见人爱。照我看哪，咱天津人对它痴迷的原因就俩，一是老手艺，二是不忘本。

◎每天早晨，天津人就是以一碗锅巴菜开始了一天的生活

　　在咱天津卫，有样倍儿爱人的早点吃食，您在别处可不老好找。别说是正宗的，连山寨版的恐怕都没的买。这种吃食既是饭，又是汤，还是菜……

　　说到锅巴菜，您第一个想到哪家？得，问了也多余，就像包子想到狗不理，麻花想到十八街，邻居家的小小儿都知道"这锅巴菜好吃大福来"呀。

　　说起这老字号的大福来，距今有多少年历史，我是不老清楚。不过我打记事儿起，就常听老辈儿讲大福来的故事，而且这版本是五花八门的，我最喜欢的是关于

◎大福来的面点，如今在别处很多您都见不着了

乾隆爷的。话说这乾隆下江南回京，途经老张家的煎饼铺，来了个煎饼卷大葱，吃完叫人上汤。哎哟，这煎饼铺哪儿有汤啊。这女主人倍儿聪明，撕碎煎饼，放上盐、香油、香菜啥的，倒上沸水，直接上桌。这乾隆爷哪吃过这个呀，嘿，新鲜玩意儿，好吃！从此锅巴菜的大名可就传开了。皇上爱的吃食，这小煎饼铺可不就"大福来"了嘛。关于大福来的传说啊，个个倍儿生动。真假暂且不说，就听这些传说故事，就可见这老字号可真也是够"老"的。

◎ 锅巴要薄卤要稠稀恰到好处

◎大福来，一碗扬名四海的锅巴菜

　　大福来历经几百年历史，如今照样买卖兴隆、人见人爱。照我看哪，咱天津人对它痴迷的原因就俩，一是老手艺，二是不忘本。就人家那煎饼，必须是绿豆面的，摊出来就是得薄而匀。那卤子就更不用说了，最讲究的就是它了。除了大锅熬制，人家还有专人熬的小卤。那精华全在这里了。具体这精华都是吗，我是不可能知道，那可是人家的秘方，几百年就靠着它了。说到大福来不忘本，咱天津人心里跟明镜儿似的，人家可就是走的平民路线，东西好吃，价钱不贵，服务的就是咱普通老百姓。管你是王公贵族还是街坊四邻，想吃热乎乎的锅巴菜呀，一样，早起排队！

直营店：

西青道店	红桥区西青道122号
光荣道店	红桥区光荣道70号
北马路店	红桥区北马路84号
佳园里店	红桥区千里堤佳园南里中心路市场
一号路店	红桥区丁字沽一号路26号
清源道店	红桥区咸阳北路清源楼
水木天成店	红桥区民畅园配套商业B-105

加盟店：

利民道店	河西区围堤道珠波里2号楼2门底商
双峰道店	南开区双峰道167号
西湖道店	南开区西湖道万维花园底商
西南角店	红桥区永基花园津菜城
洪湖里店	红桥区洪湖南里40号
延安路店	南开区延安路
黄河道店	南开区黄河道519号
宜白路店	河北区宜白路署光道B区4门
幸福道店	河北区幸福道与五号路交口处
中北镇店	西青区中北镇大地十二层翠杉园底商
杨柳青店	杨柳青青志路34号
河北街店	红桥区河北大街底商
康华里店	红桥区复兴路康华里

我家附近就有家大福来。我和媳妇都是贪睡的主儿，等我俩自然醒了去吃大福来呀，黄瓜菜都凉了。于是乎，能吃着热腾腾的大福来早点，可就成了我俩大清早起床的动力。如果说怎么叫都没叫醒的话，我同样会让我媳妇去大福来，买俩开花馒头，买点儿天津卫才能吃着的平民点心，嘿，到位！

吃
大福来
（光荣道店）

地址： 红桥区光荣道70号(近中环线)
电话： 022-86526987

Route 11

1618｜清｜真｜公｜馆

　　1618清真公馆位于五大道之一马场道的头儿，一打眼儿就是一副气派模样。话说五大道上哪座小楼没有点来头，这里也一样。

　　电视剧《辛亥革命》播出得有两年了吧，您老对那片子还有印象吗？反正我是印象怪深的，不光是因为片子拍得好啊，更主要的是因为吧，我和其中饰演民国军阀段芝贵的演员那是相当熟悉。

　　这演员就是1618清真公馆的老板，为人开朗热情，真有那么一股子军人气概。不光性格如此啊，人家做事也是有魄力、有目标的，人话我也不多说，只要您来一趟就会知道，这儿，绝对有戏！

◎这一盅，可都是精华

1618清真公馆位于五大道之一马场道的头儿，一打眼儿就是一副气派模样。话说五大道上哪座小楼没有点来头，这里也一样。这原来可是国民党要员吴泰勋的旧宅。这充满历史感的小洋楼经过人家重新这么一打造，嘿，已经成为了一座充满异域风情，有着迪拜风格的特色餐厅。要光是这环境幽雅可不足以让我流连忘返。最关键的，就在这菜品上了。人家是既能做出地道的传统老味，又总能推陈出新。通俗点说，就是混搭，既不拘泥于传统，又不盲目创新，每一道菜

◎号称"清真版"佛跳墙

那都是历史与现今的对话，这也许就是它最吸引我的地方。

从装修到菜品，再加上地处五大道这样一个位置，1618清真公馆是精致到家了。不过，还有一点叫绝的，在人家的院子里，就是这几辆有来头的汽车。气派的大红旗，豪华的老吉姆，仍显硬朗的嘎斯69吉普车，想一次性见着这么些老古董，那还真不容易。

老板是个老爷车收藏家，这些车都是自己这么多年通过各种渠道淘来的。人家说了，走过五大道的人，甭管是外地人还是老天津卫，看到车与楼的这种组合，想不受到冲击和吸引都难。当然了，在这么一座百年的小洋楼前停满自个儿的藏品，那真真不是为了显摆，而是为了对一段历史最大限度的还原。当然，这段历史究竟属于哪个年代，每个人看到此情此景之后，都会有每个人的想法。正所谓，每个人心中不都有自己的哈姆雷特吗？

走在天津的小洋楼中间，您感受的大多是躲进小楼成一统的内敛，一种置身事外的感觉一定特别强烈。但是在这里，进来吃顿地道天津味儿，小院踱步赏赏上岁数的老爷车，这种历史感的外露，我相信，也是您了解天津一种非常不错的方式。

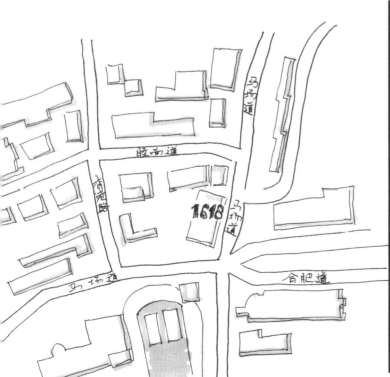

吃

1618
清真公馆

地址：和平区马场道
16~18号(近睦南道)
电话：022-23148888
　　　　23738888

Route　12

蛤｜蟆｜吐｜蜜

这烧饼铺门脸儿不大，但是样式真不少，我每次都得带一大兜子回去，家里老人这个爱呀。

没记错的话，我爷爷最爱吃一种烧饼，长的倍儿哏儿，咧着张大嘴，像是蛤蟆呱呱大叫，小时候每次偷吃，都怕它给我叫出声儿来。吃这烧饼，咱得把嘴张得比它还大，这么美美的咬上一大口，把酥脆的烧饼皮和流蜜的馅儿一起入肚儿，呵，那叫一个香啊。没错儿，这烧饼就叫蛤蟆吐蜜。

话说这蛤蟆吐蜜我可好多年没吃了，也不知道朋友怎么踅摸着这么一家叫"刘氏蛤蟆吐蜜烧饼铺"，他一提，我这心里可乐开花儿了，哎哟，差点儿把这吃食忘脖子后面了。

蛤蟆吐蜜烧饼的制作非常讲究，什么选豆、选糖、制馅、和面……一共二十六道工序，我是记不下来了，不过这刘氏蛤蟆吐蜜烧饼铺可是记得门清，人家是一个不少地沿袭祖上的制作工艺，所以咱这会子吃的蛤蟆吐蜜和咱老祖宗吃的估计是没多大差别。包着豆馅儿的烧饼坯子，四周滚上芝麻，上炉烤的时候，内馅儿膨胀，烧饼边上裂出口来，吐出豆馅，挂在烧饼边儿，真就像个蛤蟆张着大扁嘴。

蛤蟆吐蜜我最爱热吃了，那一出锅，真是香甜爽口啊，李超他们爱凉吃，说是凉吃倍儿筋道儿。咱甭管怎么吃吧，烧饼四边粘着芝麻，再加上馅儿里的豆沙和桂花酱，那香味儿都是浓极了，口感都是倍儿酥软。真是吃了它就不想别的吃食了。

自打知道这地界儿，我可就常往鼓楼这边儿跑。这烧饼铺门脸儿不大，但是样式真不少，我每次都得带一大兜子回去，家里老人这个爱呀。

◎在这儿，每一种吃食都有一个看似陌生的称谓，实际上那是一种为了不被忘却的努力坚守

　　这烧饼铺除了经典的蛤蟆吐蜜，其他的吃食也都倍儿乐呵，什么硬面桂花啊，干迸儿烧饼啊，锅饼条啊，那是一个赛一个的有故事。没记错的话，旧时的公子哥儿们，一大早就托着鸟笼，提拉着干迸儿烧饼到戏园子，叫一壶茶，边喝茶边听戏，听乐呵了大喊一声"好"，顺手将干迸儿烧饼往桌上这么一拍，好家伙，这脆烧饼就裂成几十个细条，然后再用手捻到嘴里，慢慢吃，不时地就口清茶，这一早晨可就这么过去了。

　　烧饼铺的老板刘自起是蛤蟆吐蜜的第三代传人，人家老刘家祖祖辈辈儿的就做这烧饼，一寻根儿可就到了清朝末年了。买卖做得大小咱且不论，就凭这老板的活泼劲儿就跟我投缘。每次去买蛤蟆吐蜜，他都得跟我讲一段儿，说到那旧时的军粮锅饼条时，人家那是手舞足蹈，现场给我表演回锅饼条冒充冲锋矛的故事，那个逼真呀，跟那专业演员没差多少，看得周围人是哈哈大笑，这不，还没等吃呢，心情可就出了奇的好。

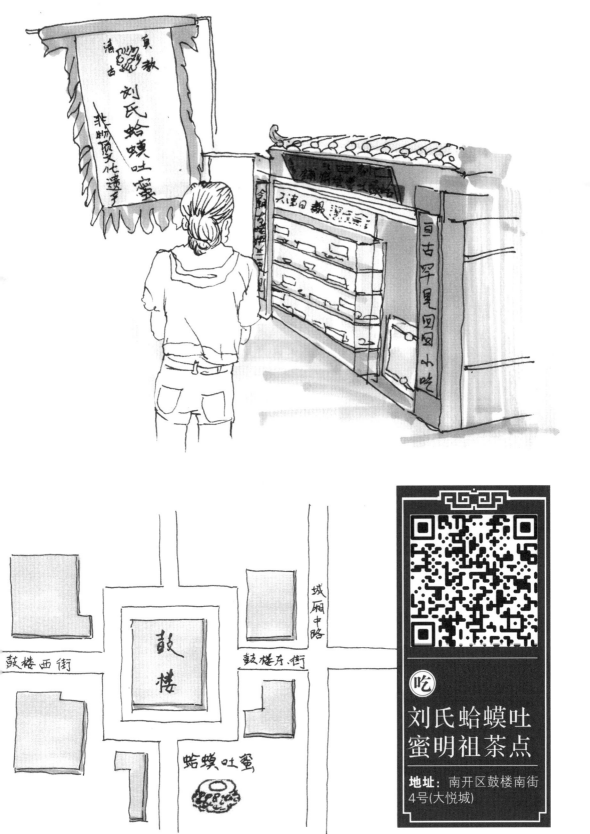

刘氏蛤蟆吐蜜

鼓楼

鼓楼西街

鼓楼东街

城厢中路

蛤蟆吐蜜

吃

刘氏蛤蟆吐
蜜明祖茶点

地址：南开区鼓楼南街
4号(大悦城)

Route　13

杨｜巴｜饺｜子｜馆

　　作为"津门老字号"，恩庆和虽说饺子是主打，但下酒菜可也不少，虽说都是常见的一些菜，但做出来的味儿就跟别家的不一样。

　　天津人对带馅儿的吃食那是特别的喜爱，像什么包子啊、饺子啊都是常吃的。就拿我来说吧，特别爱吃饺子，俗话说得好"好吃不过饺子"嘛。小时候呢我家住在西南角附近，就在这一块儿，有一个老天津人都竖大拇哥的饺子馆，小名叫"杨巴饺子"，大名叫"恩庆和"。

　　说起杨巴饺子，那我得先跟您说说"杨巴"这个人，人家的名字可不是"杨巴"，只不过是姓杨，这个"巴"呢，咱也都看过《阿里巴巴和四十大盗》，这个"巴巴"呢就是就是阿拉伯语里对长辈的一种尊称，这杨巴饺子的老板受人尊敬，就被称为"杨巴巴"，而这"杨巴"，那

©传统杨巴饺子

是对"杨巴巴"的一种简化了。这位
"杨巴"我是没见过,不过我爷爷、我
爸爸他们都见过,所以人家这饺子馆那
可有年头了。

　　听相声听的是贯儿,吃饺子吃的是
馅儿。杨巴这的饺子馅儿绝对是值得大
说特说的,先说这调馅的师傅,都是干
了四五十年的老师傅了,那用料的多
少、味道的掌握都是轻车熟路了。具体
到馅的种类,那也多了去了,牛肉白菜
的、羊肉馅的等等,都是传统的老馅,
就在这几种馅里面,有一种可以称之为
"杨巴馅",就是人家主打馅里面的主

◎杨巴老店现在的老板一家

打——牛肉白菜馅。我平常跟朋友们说"咱吃杨巴饺子去"，那就是吃这牛肉白菜馅的了，端菜的伙计也都这么喊"半斤羊肉、半斤杨巴"，所以来这儿要是不点牛肉白菜馅尝尝，那可就露怯了。

　　作为"津门老字号"，恩庆和虽说饺子是主打，但下酒菜可也不少，虽说都是常见的一些菜，但做出来的味儿就跟别家的不一样。就拿做葱爆羊肉来说吧，有加胡椒的，有往里放糖的，人家这吗也不加，吃的就是地道的咸香味，跟您在别的地儿吃的肯定不一样，您要是不信啊，等哪天有时间，约上三五好友，来恩庆和这儿要它三斤杨巴饺子，来点好酒，再弄几个菜，绝对是饺子就酒，越喝越有啊！

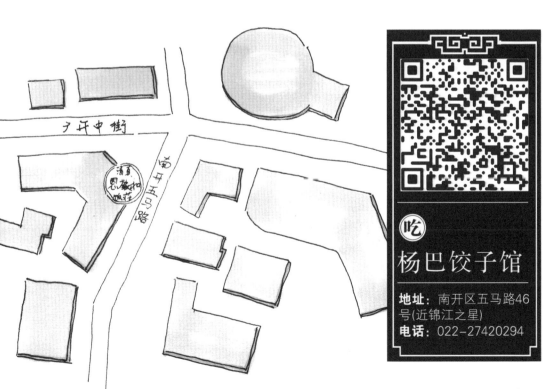

吃

杨巴饺子馆

地址： 南开区五马路46号(近锦江之星)

电话： 022-27420294

Route　14

三｜姑｜牛｜肉｜饼

　　三姑牛肉饼，顾名思义，就是咱三姑家开的主打牛肉饼的馆子。您别看这饭馆的装修不起眼儿，总有种与时代不太相符的早点铺子模样，不过您也别小瞧了它，每天，无论是常常光顾的老主顾，还是慕名而来的新食客，都是络绎不绝。

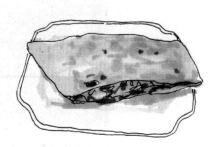

　　来天津这许多年，天津的吃食我是尝了不少，大的小的著名的或是低调的馆子也去了不少。我发现了一个特别有趣的现象，就是天津人喜欢用称谓来给餐馆取名字，像什么三姑牛肉饼，老姑砂锅，二嫂子煎饼果子……有意思的是，这些餐馆还都倍儿火，这种现象，别说在我的家乡北京，就是放眼全国可也不多见。

　　总结起来，这"称谓餐馆"不仅命名的方式相同，很多特点也是相通。我呀，就从这极富代表性的三姑牛肉饼讲起。

◎每天一到中午十一点，排队的恨不得能有好几百

◎好的味道，不怕巷子深

　　三姑牛肉饼，顾名思义，就是咱三姑家开的主打牛肉饼的馆子。您别看这饭馆的装修不起眼儿，总有种与时代不太相符的早点铺子模样，不过您也别小瞧了它，每天，无论是常常光顾的老主顾，还是慕名而来的新食客，都是络绎不绝，长长的排队队伍可谓壮观，说这儿是远近闻名怕是一点儿也不夸张。这呀，就是我发现的"称谓餐馆"的特点之一——店虽不大，但是客人超多，场面火爆且知名度超高。

脆皮大馅的牛肉饼，
大小伙子吃个俩仁也得饱

◎除了牛肉饼，每款小菜也都堪称经典

我也算是三姑牛肉饼的老主顾了，每次一得空，总愿意来这儿转转，早饭吃到撑，有时候连午饭都一块儿解决了。一个薄皮儿大馅儿的肉饼，一碗喷香微甜的黑米粥，再加上一碟酱牛肉或是素什锦，就我这"连着宇宙"的胃也能被填得饱饱的，绝对心满意足。真心不是夸张，人家一个肉饼一斤二两重，只这馅就占了六七两，四层皮儿三层馅儿，咬上一口，又香又脆又流油，这肉饼啊，真是让人家给做绝了！我常和三姑开玩笑说："您可真舍得往里搁肉啊！"三姑一脸严肃："不舍得谁来呀！"没错儿，这就是"称谓餐馆"的又一特色——美味实在，好吃不贵。

总结了这么多不知道靠不靠谱的特色，我呀，其实更好奇的是这用称谓命名餐馆的原因。您看，北京距离天津不远吧，饮食文化也有颇多相似之处，可北京为什么就没有这种命名方式呢？来了咱三姑牛肉饼吃了这许多顿之后，我也大概琢磨出几分原因来。您看，无论是三姑、老姑还是二嫂子，那都是为人开朗热情，人缘好极了。附近的居民们，大概有不知道

◎永远倍儿喜庆的三姑

乔布斯是谁的，怕是没有不知道咱王三姑是谁的吧。用这称谓命名，咱食客们听着就亲切，倒真有种到自己三姑家吃饭的感觉。就此一点，倒也正合了咱天津人热情好客的性格。

南运河北路

王三姑
牛肉饼

复兴路

芥园道

吃
三姑牛肉饼

地址: 红桥区西北角西关北街新春花苑14号楼底商(近清真南大寺)
电话: 13512276876

Route 15

至｜美｜斋｜酱｜牛｜肉

　　一位至美斋的老师傅给我讲哈，别看只是一个酱牛肉，看似没吗复杂，实际上里面学问大了去了。

　　我们家老爷子早已年过半百了，吃过苦也享过福，说起吃食，山珍海味他也未必喜欢，倒是只好一口儿——至美斋的酱牛肉。

　　每次经过，甭管前面是多长的队伍我都排着，总得捎上点儿给老爷子送去才舒心。看着老人吃得倍儿香，咱这做儿女的心里也高兴不是？

　　不光我们家老人爱吃，说实话，我自己也好这口儿。记着小时候，我是每天晚上都巴巴等在家门口，就盼着老爸下班带点酱牛肉回来。那时候，哪像现在生活条件那么好呀，酱牛肉可不是见天的想吃就吃的，每次吃至美斋，那都是美得冒了鼻涕泡儿了。所以，就今天回忆起来，记忆里最香的味道，那就是这酱牛肉的香味儿。

那时候，我就求着我妈，给我做点至美斋的酱牛肉呗，好嘛，我妈一摆手，一脸惊讶："吗？你让我给你做点别的还行，人家这祖传秘方上百年了，我哪儿学得会呀！"现在我是明白了，这工艺复杂的吃食，可不是外人说学就能学得了的。一位至美斋的老师傅给我讲哈，别看只是一个酱牛肉，看似没吗复杂，实际上里面学问大了去了。煮的时候锅底得先放上牛棒骨，加入陈年老汤，肉选用的是鲜嫩的牛腱子肉，您听听，这可都是倍儿香的食材，几样放在一起，再按照顺序放辅料。等到酱制的

时候，还得选精制的黄酱，这么一来，好嘛，色香味全了！这么看来，这津门老店可不是白给的，为吗人家就做了那么长时间了还是倍儿火，尝过一口肉，您就都明白了。

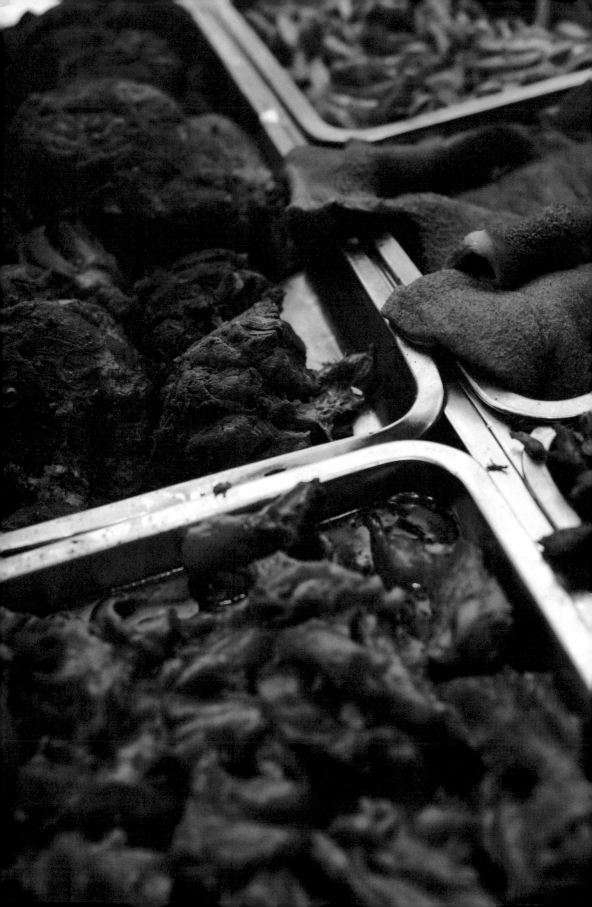

　　人家都说，小时候的吃食才是最爱（nài）人，也是最难忘的。这许多年过去了，人们的生活条件变了，想吃吗都有了，不过这老店还是那个老店，老味儿也还是那个老味儿。一样的，都不等肉出锅，这股子倍儿熟悉的酱香就能飘大老远。夹上一块，仔细那么一嚼，软烂入味，瘦而不柴，口感酥嫩，绝对是一丁点儿都不塞牙，滋味那叫一个美！这时候，再就上一个人家招牌的牛肉烧饼，喷香的牛肉加上酥脆咸香的烧饼，嚯，咱这就叫老天津卫的范儿！

◎至美斋的早点也很地道

㉘ 吃

至美斋
(芥园道店)

地址: 红桥区芥园道先
春园底商(复兴路口)
电话: 022-87726000

Route 16

会｜宾｜楼

　　百十来年过去了，这八大成、九大楼是走的走、散的散，现在家里老人想要尝尝咱老传统的菜倒是难了。后来机缘巧合吧，跟着老朋友找着个叫会宾楼的地界儿。

在咱天津卫，不知道八大成、九大楼的，绝对称不上是老吃主。我虽顶多算个"吃货"，但这八大成、九大楼，绝对听老辈儿念叨过。

这八大成呢，是汉民菜，也就是传统天津菜，九大楼，是清真菜，也有说是十二大楼的。咱甭管几大楼吧，反正可都是名声在外，那其中最有名的，叫鸿宾楼。

◎道道都是硬菜

◎号称天津卫最有口福的老三位

　　北京的老主顾怕是不乐意了，谁说的？这鸿宾楼可在北京了。没错，确实在北京，不过您知道吗，这鸿宾楼最初是开在了天津卫，用人家有文化的说法叫"生在天津卫，扬名北京城"。据说，这鸿宾楼可有百年以上的历史了，最初创建在现在的和平路。想当年，咱天津的饮食可是厉害了，那叫一度"远胜京师"。中华人民共和国成立后，应周恩来总理的提议，将全国各地最好的饭馆迁到北京，咱天津卫迁过去的就是鸿宾楼。

◎老传承必须得有老师傅

百十来年过去了，这八大成、九大楼是走的走、散的散，现在家里老人想要尝尝咱老传统的菜倒是难了。后来机缘巧合吧，跟着老朋友找着个叫会宾楼的地界儿。好嘛，一点餐，新式儿的没有，别人家常做的菜他家还没有。我心想，你家到底儿有点嘛呦，一上菜，好家伙，全是传统老菜。

　　这会宾楼的张年师傅可是个认死理儿的主儿，让人家给你做个新菜，人家理都不理你。我就纳了闷儿了，这张师傅到底和老菜有吗情结呀。一打听才知道，人家是师承老燕春楼的周金亭周师傅，这燕春楼正是九大楼之一。而周师傅呢，又是鸿宾楼过去的老技师宋少山的徒弟。好家伙，敢情都是一家的。难怪人家非要光大了这老菜不可，行啊，您真牛！

　　来他们家，我最爱吃那道煨牛筋。吃一口，好家伙，又软又糯，又香又嫩，微甜微辣，还稍稍粘牙，我和朋友你看看我，我看看你，嘿嘿一笑，没两分钟，准保盆儿干碗儿净。

　　您也别笑话我能吃，据说，咱著名的京韵大鼓前辈骆玉笙也爱吃张年师傅做的菜。早年，张帅傅还在别家饭馆当学徒的时候，骆老去光顾，就餐后还特意到厨房跟张师傅道了声辛苦。这您可能不知道，厨师行和梨园行都属勤行，互相衬托仰仗，见面道个辛苦，这是传统，更是规矩。想当年，我学相声的时候，虽说吃了不少的苦，不过这演出完呀，要有人跟我道声辛苦，我这心里准是美滋滋的，够我乐一天的。

　　要是家里老人想吃咱天津清真老菜了，您大可以选个好天气，远远儿下了车，慢慢踱步到会宾楼，赶上老师傅在了，请他们炒几道传统菜，临了，再道声"辛苦"，嘿，倒也是桩美事。

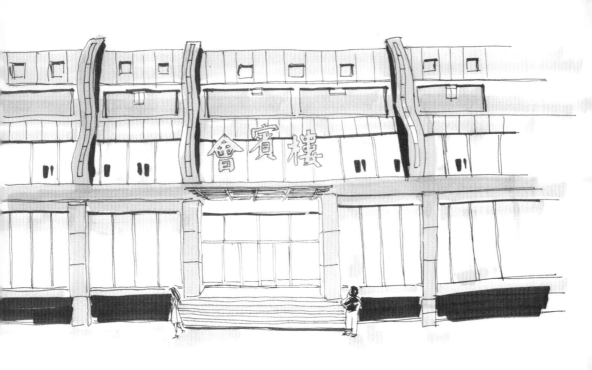

吃

会宾楼
(富辛庄店)

地址: 南开区黄河道永
基商厦底商20号(富辛
庄大街口)
电话: 022-27588199

Route　17

来｜顺｜成

　　吃涮肉，有几个标准，你只要一看、一尝，就能知道正不正宗，地不地道。嘿，总算是在天津找着一家喜欢的涮肉馆了！

　　在北京，最著名的吃食便是烤鸭和
涮肉。甭说有名的字号，就是随便一个
路边小店，那味道也不会差。二十年的
味觉训练，让我对涮肉馆的标准要求很
高，也让我对在天津吃涮肉有了一个更
挑剔的态度。

　　人就是这样，因为爱吃，所以寻觅
的动力就足。经过一番寻找，我还就找
到了一家自个儿吃着顺口的。这一家叫
来顺成，开在小白楼附近。吃涮肉，有

几个标准,你只要一看、一尝,就能知道正不正宗,地不地道。首先,羊肉是不腥不膻、薄薄一片,颜色透明,在锅子里这么一涮就熟。其次,小料味道恰当,稠中带甜,便是沿袭传统。再加上辣油香菜、铜锅炭火,那种大快朵颐之感绝对让人异常满足。嘿,总算是在天津找着一家喜欢的涮肉馆了!

除了这正宗诱人的涮羊肉,更让我惊喜的是这来顺成的特色菜品真心不少。什么羊蝎子、水爆肚、芫爆板筋……说是道道经典绝对不算夸张。就连人家的外卖烧饼都做得倍儿地道,香酥可口、料多味足,每次路过我都必须得买上几个。

◎来顺成的芝麻烧饼着实好吃

　　来的次数多了，和老板也熟络起来。这来顺成的老板为人热情大方，有那么股子豪迈情怀。每次来，都要和找东拉西扯地聊上一会儿，知道我从北京来，吃涮肉挑剔，总是问我合不合口味，有没有惊喜。哎哟喂，现如今，这样的饭馆老板那可真是不多了。

　　来顺成还有一大亮点，就是啤酒。在人家大堂里，您会发现好几个黄色的大罐。这自酿的啤酒就是储藏在这些大罐里，等着您和酒友们觥筹交错呢。除此之外，您还能拿着塑料桶来打啤酒，此情此景能往回倒三十年，我说的不过分吧。这场景，整个天津卫，估计也就在这儿，您能看着了。

◎在来顺成喝啤酒绝
对有在德国的感觉

好酒好肉，这样的组合总让人感觉出几分豪迈来。但凡北京来了朋友，想吃这一口，我基本上都把人往来顺成领。独在异乡为异客，我在天津卫，还就在来顺成能找到小时候那最地道的涮肉味道。当然，也就最愿意在这儿与自己的哥们儿推杯换盏、大口吃肉。所以，这地儿，我举双手双脚推荐！

Route 18

顶 | 料 | 轩 | 素 | 货

　　顶料轩素货的大师傅就是来自淮北，正可谓是方言相近、习惯相同，所以经他手料理出的这素货味儿正、地道，颇得天津人的喜爱。所以我们栏目组的各位主持加编导郑重推荐，这家的素货，您呀，就吃去吧！

天津卫吃饭讲究应时到节，这一点其实跟北方的大部分地方相比，都有些格格不入。中国幅员辽阔，物产也算丰富。但是南北方相比，北方在食材选择的精细程度上，肯定要略逊南方一筹。一方面，这是气候、土壤等自然条件造成的，而另一方面，便是风土人情、民俗习惯决定的了。

那天津人为吗在吃上能够应时到节呢？同样，河海交会的条件给了天津人相对多元的食材选择，而从人情风土上说，天津不南不北的历史传承，给了天津人今天在饮食上相较于北方其他地区更多的选择。大伙都知

道，天津建卫源于明成祖朱棣的燕王扫北。这一扫不要紧，苏北淮北的大量士兵及军属就浩浩荡荡地来到了天津卫，从此扎根于此，深深影响了这座城市的性格与习惯。长江北岸的饮食习惯一定程度上影响了天津人的饮食习惯，所以天津人不南不北、粗犷中带有精致的饮食习惯就此形成。

说了这么多，其实还是要把本场的主角儿引出来。本场主角是素货，天津人不陌生，同样几百公里之外的苏北淮北人也不陌生。素货，顾名思义，就是对副食品中豆腐丝、香干、素帽、面筋等各类豆制品进行深加工的一个食品门类。平常天津人爱吃的打卤面中，炒个菜、添个菜码，素货那是必有的一道。而除此之外，经过卤制加工出来的各类素货，也能成为佐餐小食，在您餐桌上算个酒菜。

顶料轩素货是清真店，在天津卫有好几家分号，我们最钟情的还说西北角里的这一家。别看门脸儿不大不起眼，您要是想吃上这一口，还必须得早来。因为一过早上

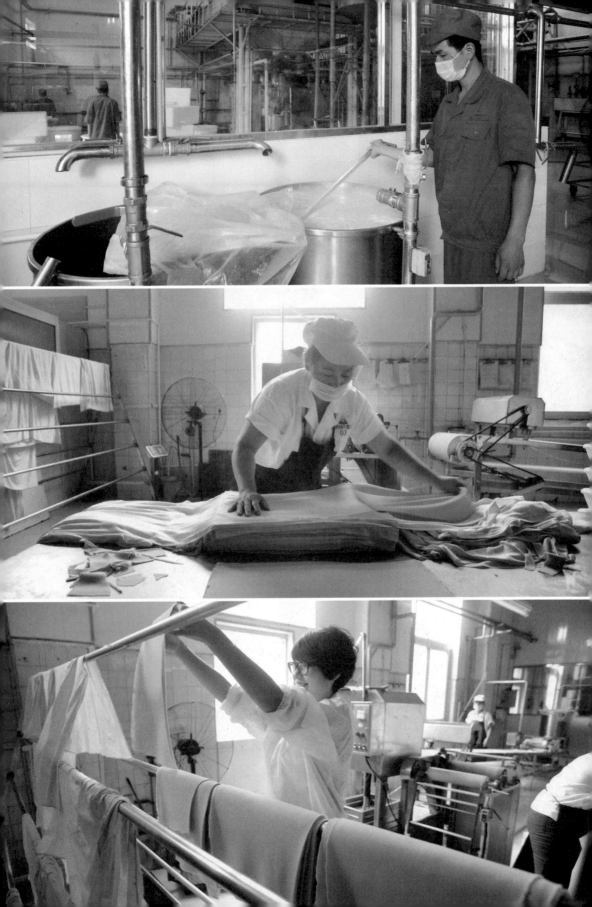

十点，这餐盘里就剩不了几样了。为吗？来西北角蹓摸吃的那都是老饕，能在这儿扎根的那都是精品。人家一样买一点儿，您来晚了估计就不剩吗了。所以早来，买上素货，顺便再买点别的好吃的，您晚上的下酒菜那就齐活了。

　　顶料轩素货的大师傅就是来自淮北，正可谓是方言相近、习惯相同，所以经他手料理出的这素货味儿正、地道，颇得天津人的喜爱。所以我们栏目组的各位主持加编导郑重推荐，这家的素货，您呀，就吃去吧！

Route　19

伊｜兰｜砂｜锅｜烧｜烤

听这名字就有那么股子异域风情吧，告诉您了说，不光名字好听，人家的吃食也倍儿爱（nài）人。一得了空，我可就得邀上这么三五好友来这儿搓一顿。

　　前阵子从朋友那儿听来这么一句倍儿哏儿的话："天津一大怪，马路砂锅人人爱。"别说，就咱天津人对"马砂"的热情那可是别地儿都比不了的。每到夏天，这天刚刚一黑，您就看吧，满大街喝酒吃串儿的人，好么，那叫一个热闹呀。

　　只不过吧，这马砂的火热它也分季节，过了这个时间档儿，这老么多的烧烤店还靠吗吸引客人呢？经我观察，两个字——特色。

　　我呀，还真就踅摸着这么一家倍儿有特色的烧烤店，名叫伊兰砂锅烧烤，听这名字就有那么股子异域风情吧，告诉您了说，不光名字好听，人家的吃食也倍儿爱（nài）人。一得了空，我可就得邀上这么三五好友来这儿搓一顿。一年四季，我们几个就没吃腻过。而且每次来，这儿可都倍儿火爆，哎，我就琢磨了，这夏天火爆那是必须的，这四季都如此，又是靠的吗秘诀呢？

　　最主要的秘诀，我也不用说，烧烤店嘛，那肯定是烤串了。人家是每天早起购买最新鲜的羊肉，再由咱地道的新疆师傅采用地道的新疆做法，烤出来的肉串，那是肥而不腻，瘦而不柴，肥瘦相间，那叫一个香啊！就在这时候，人家师傅要是用新疆话喊上那么一句"羊肉串嘞"，您肯定觉得自己穿越啦！

◎吃伊兰，各种小海鲜味儿也很正，蛏子尤甚

　　还有一倍儿爱（nài）人的特色，我可不得不提一下子。那就是人家的炉饺子。您知道炉饺子吗？说实话，来这儿之前，我是不老清楚的。自打来了咱伊兰砂锅烧烤，我是不仅弄清了这是个吗东西，更是爱上了这吃食。这炉饺子，其实是一种清真特色吃食。将自己包好的饺子上锅煎，过程中还要加入水。别看做法看似简单，但是出锅后您看吧，好嘛，上面透亮倍儿软，下面结嘎倍儿脆，那是好吃极了。

　　马砂马砂，砂锅那是必然少不了。不过能把砂锅做出十几种花样，什么醋椒豆腐，番茄牛肉，砂锅海鲜，菌类砂锅，甭管是传统大众的，还是新鲜自创的，人家都做的倍儿全，那可算是人家的特色了。

◎美味炉饺子

　　说了这老么多的特色，其实呀，我还没说全乎呢。不过，从这点看来，这伊兰砂锅烧烤能够"四季常青"，绝对有迹可寻哪。老话儿说"萝卜白菜，各有所爱"，这么多特色吃食总会有一款适合咱吧。

吃

伊兰炉饺子
酱羊骨

地址：红桥区复兴路
(近芥园道)
电话：022-27713569

Route　20

盛｜发｜号｜牛｜肉

　　盛发号可不只是牛羊肉店，人家还有同名的饭店，主打的就是清真菜，因为有这上好的原材料，所以那菜做出来味道自然就错不了了。

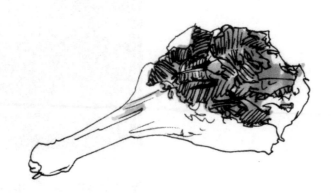

　　在过去呢，买肉啊就得去肉铺，现在买点儿肉一般都得去超市或者菜市场了，而在咱天津的西关街上，有一个盛发号牛羊肉店，就有过去肉铺的感觉。西北角那是天津回民聚居的地儿，卖牛羊肉的自然少不了，从西关街牛羊肉店到盛发号，人家的买卖那是越干越大，有了一大批的老主顾，买的人多说明人家卖的肉那是得到咱老百姓认可的啊。

您要是来了这个牛羊肉店，虽说是看不见整只的牛，但要把钩子上挂的牛肋条、牛舌、牛尾和桌子上的牛眼、牛百叶等等组合起来，保准能拼出那么一只牛来，所以人家这儿的东西就是全乎。您爱吃牛的哪块，来这儿准有。而且各个部位的营养作用还不一样，牛眼那是补肾壮骨的，牛舌牛尾那是补血养气的。当然了，咱最常吃的自然是牛肉了，这儿的牛肉呢也有特点，人家叫做"无水免洗鲜牛

肉"。肉里没水，货真价实，吃着味道香，买着心里踏实。来这儿买肉的以街坊邻居为主，多少年了一直在这儿买，就图一放心还好吃。老主顾说了，他家的牛肉，买回去了放冰箱里冻着，再化开也没水，就这么实在。为吗这牛肉就那么好呢？因为这真真的都是早晨现宰牛的肉，绝对的新鲜。

盛发号可不只是牛羊肉店，人家还有同名的饭店，主打的就是清真菜，因为有这上好的原材料，所以那菜做出来味道自然就错不了了。骨髓扒脑眼、扒牛肉条、特色牛腩等等，可以说牛的每一部分人家都能给您做成一道美味，好吃还有营养。而且这里还有一道菜叫"清真第一爆"，估计您听都没听过，反正我来这儿之前那是没吃过也没听过。"清真第一爆"是人家自创的菜，是用鲜的水爆肚和肥牛片炒出来的那么一道菜，爆肚脆，肥牛香，吃起来一盘子都不够，不愧叫"清真第一爆"啊！

无论您是想炖牛肉还是想来点牛肉做馅，来盛发号买那算是来着了，要是懒得做了，人家这有做好的，您啊，带着肚子来就行。

◎从原料到菜品，盛发号的招牌那是有保证的

◎四大位正享用一桌全牛大菜

吃

盛发号牛羊
肉店

地址：红桥区西关大街
30号
电话：022-27577788

盛发号饭庄

地址：红桥区佳园里社
区商业街(近佳园东里)

天津卫的美食窝子
——西北角回民居住区

漫 | 谈 | 清 | 真 | 食 | 品

　　天津清真美食的起源，历史可以追溯到元代。信奉伊斯兰教的色目人军团，长期屯兵三岔河口的金家窑。明代燕王朱棣南下"靖难之战"在三岔河口地区渡河取得江山后，在此设天津卫。大批的回族群众陆续迁居至此，清真美食逐渐发展起来。

　　回族居住很有特点，即大分散小集中，以清真寺为中心，故此清真食品源于回族民众对伊斯兰教的信仰。《古兰经》禁止穆斯林食用血液、自死物，屠宰牛羊动物均由阿訇起监督作用。民以食为天。回族穆斯林受到信仰约束，自觉地遵训圣道。清真美食的清洁和纯真，让老百姓吃得放心成为回族人的招牌。特别是小吃选材地道，加工精细，吃得可口，风味独特，赢得广大市民的青睐，也是回族经商群体赖以生存的经济支柱和生活来源。清真小吃甜食较多，在消费市场占有很大优

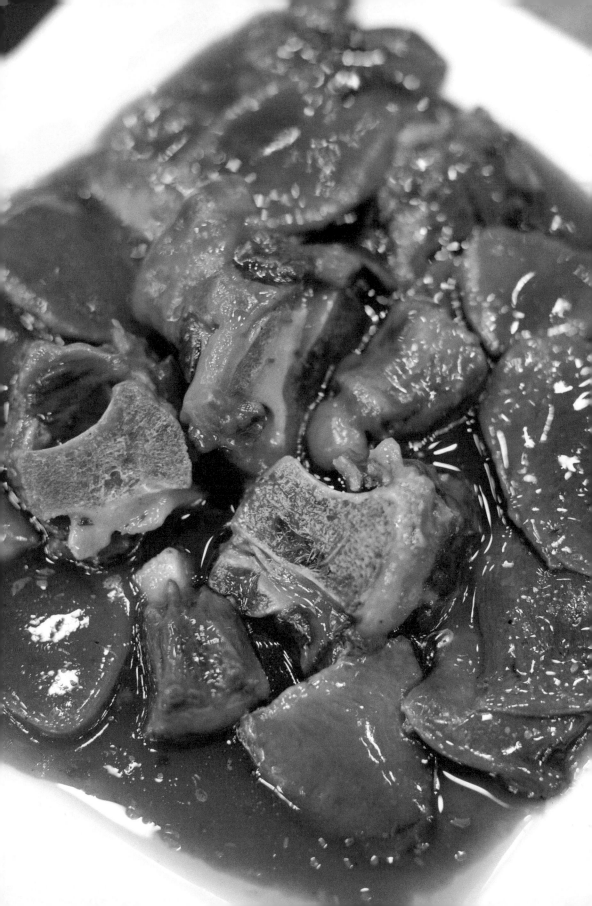

势，如耳朵眼炸糕外酥里嫩、香甜诱人，天津人爱吃的锅巴菜，"大福来"最为著名。传说"大福来"之名得益于清朝皇帝乾隆封赏。

上世纪五十年代末，国家实行粮油统购统销，个体经营的小吃受到一定制约，加之体制改造，个体和私营经济被迫退出市场。改革开放后，个体经济迅速发展，各种传统小吃相继开业。1985年，红桥区在回族群众聚集的西北角文昌宫附近建起了民族食品街，经营各式民族小吃，受到广大群众的欢迎和喜爱。随着城市建设的需要，文昌宫民族小吃城已不复存在，但是那里的美味小吃并未随着这条街的消失而消失。清真南大寺前每天清晨依然是车水马龙。在这里您可以品尝到传统手艺加工的正味斋锅巴菜，王记糕干，张记煎饼果子，穆记牛骨髓炒面，羊肉粥，羊汤，粉汤，江米切糕，面茶，乌豆等，各具民族风味的独特小吃，深受八方食客欢迎。天津卫开埠以来，回族经营的各种小吃品种繁多，规模不断扩大。随着清真饭馆生意兴隆，初期的包子铺、饺子馆，经济实惠、服务周全，颇为兴盛。白记饺子馆、恩义成饺子馆、恩发德包子铺、北门刘记包子铺、庆发德包子铺在津门很有声誉。恩庆和饺子馆的杨掌柜待人和善，买卖公道，为人尊称"杨巴"。"杨巴"之名后代替了恩庆和字号，成就了津门无人不晓的杨巴水饺。庆发德的创办人谢国荣，自创烫面蒸饺，独特技法赢得食客赞誉。永元德的涮羊肉，飘香四溢，历经百年，至今还是津门涮肉首选。马记烧麦自哈尔滨来津门落户，成为天津清真餐饮的新品牌。

纵观津门清真饮食发展，既有声誉响亮的会芳楼，会宾楼，迎宾楼，鸿宾楼，宴宾楼，燕春楼，畅宾楼，同庆楼，大观楼，富贵楼，庆兴楼，又一村清真十二馆，也有以炸糕，锅巴菜，蒸饺，羊肉粥，骨髓面，糕点等小吃叫绝的众多清真小店。特别是鸿宾楼迁入北京后，曾多次接待国家领导人和外国贵宾，赢得赞誉，企业经营十分火爆，规模扩大数倍。大文豪郭沫若曾题藏头诗赞"鸿宾楼好"。天津的"耳朵眼炸糕，庆发德蒸饺，至美斋酱牛肉，大福来锅巴菜，蛤蟆吐蜜烧饼"等清真美食都已经成为天津的著名非物质文化遗产传承项目。

天津市有二十万回族群众，从事清真美食行业的回族商人遍布全市。当您看到走街串巷推车叫卖羊杂碎、切糕的回族商贩车上挂着阿拉伯文字标志或汉字"西域回族、清真回族"的唐牌时（俗称摊牌），您可曾想到这是唐朝政府专为丝绸之路迁移来唐的色目人发的特殊经营执照。它的作用很大，既保护色目人经商的合法权益，政府又能得到可观的税收。历经沧桑，回族商人沿革千余年来的传统，成为今天的金字招牌，清真美食得到广大消费者的认可和信任，清真美食不负盛名，经久不衰。

进入市场经济时代，清真饭馆已经打破了牛肉馆、羊肉馆的传统格局，形成了多元化经营理念，在挖掘和继承传统的基础上不断创新。有清真美食专家精辟地评价：天津清真美食始于元、兴于明、盛于清、繁于今。

（红桥区政协委员　李明）

Route 21

易｜精｜品｜酒｜店

拉开窗帘眼前便是意式风情区的热闹繁华，品着咖啡，捧一本书，静静地坐在窗前，听着窗外弹唱《那些花儿》，真正体验到"你站在桥上看风景，看风景的人在楼上看你"的美妙意境。

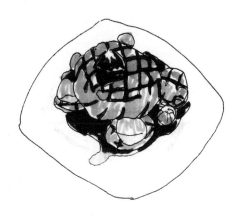

如果非要在咱天津卫的所有景点中，选择一个我最喜欢的，我想一定是意式风情区了。原因很简单，我觉得那里可以满足一个女孩儿对浪漫的所有想象。

在这个充满异域风情和浪漫情愫的地界儿里，我发现了这样一家酒店。它由拥有百年历史的易兆云故居改建而来，低调而高贵地在闹市中围出了一片安静的怀旧氛围。你会听见《爱的罗曼史》在古老的回廊里铺陈

◎洋气的城，洋气的味儿

开来，和着音乐的旋律，独自一人徘徊其中静静品味，你会感觉每个角落都充满了浪漫，像是梦中某个熟悉而又陌生的场景，亦或小时候对古老故事的某种想象。

住在临街的二层，拉开窗帘眼前便是意式风情区的热闹繁华，品着咖啡，捧一本书，静静地坐在窗前，听着窗外弹唱《那些花儿》，真正体验到"你站在桥上看风景，看风景的人在楼上看你"的美妙意境。这也使我忽然明白，为什么这么繁华的意式风情区会有这样一家安静的酒店，或许正是这一动一静恰如其分地巧妙融合在一起，所谓"淡妆浓抹总相宜"。

在地道考究的餐厅里，细细品尝正宗的法餐，慢慢咀嚼、花心思琢磨，倒也真是应时应景了。拍照那天，我和董昊的穿着与餐厅的氛围着实不搭。但当大厨把前菜、主菜一道道端上餐桌的时候，那种不协调的尴尬早就抛到九霄云外了，此时，吃，不再只是一种生存方式，倒更像是一种生活态度。

　　喜爱这样一家酒店,不仅是因为它精致的细节,更是为了满足自己怀旧的心思和某个时刻想要沉静下来的心境。它会让你不经意间就联想到,一百年前一个身处乱世的军阀和他的太太们在这栋豪宅里有什么样的故事,是平淡的喜怒哀乐?还是像影视剧中那样的跌宕情节?你会觉得若是应着眼前的景色,此时的自己应该身着一袭旗袍,一只手搭在木质楼梯扶手上,穿着尖尖的高跟鞋,双脚交叉着缓缓踱在这铺满地毯的窄楼梯上……

易精品酒店

地址： 河北区民族路50~54号(近规划展览馆)
电话： 022-24455511

Route　22

士｜林｜西｜餐

　　自从第一次吃过朋友带来的外卖之后，每次经过士林我都要买点儿带走，再长的队伍也耐着性子排着。

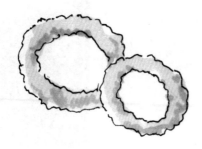

　　有人问，在全中国，有历史有传承有名气的西餐厅中谁是老大？天津人会自豪从容且淡定地回答：必须是起士林。没错，起士林是西餐文化在中国传播开来的一座丰碑。神州内外，但凡有点来头的西餐厅，您可以细心打听一下大厨的师父是谁，大厨的师父的师父又是谁？最后捯到起士林那儿，就准错不了了。

　　在和平区的一条小路上，有一家西餐外卖，名曰"士林"。一字之差说明了与起士林的渊源。同样，　字之差也说明了中国传统师徒传承规则在西餐领域的严格。士林的老板姓王，师父是起士林大厨，自己创业经营的每一道菜式，都严格遵守着起士林的味道。用句天津人的玩笑话说，那就是"比起士林还起士林呢"。

◎通幽小巷，精致西餐

一家门脸儿十分不起眼儿的西餐外卖，能够做出正宗传统的味道？说实话，去之前我也将信将疑。不过站在柜台前，随意点了几样吃过之后，我的想法完全变了。无论是酱汁肉，还是俄式沙拉，亦或德式冷酸鱼、洋葱圈……菜的口味都绝不输给大的西餐厅。"低调而奢华"，总觉得若是如此形容，也绝对是恰如其分。

　　自从第一次吃过朋友带来的外卖之后，每次经过士林我都要买点儿带走，再长的队伍也耐着性子排着。带份西餐回去全家享用，边吃边与家人品头论足一番，常常觉得，这种来自味觉的简单幸福，只有在咱天津卫才有机会获得。

　　士林有个规矩，有些菜式是按天来供应的，这就像我们上小学排课表一样，礼拜几上哪堂课就上哪堂课。同样，哪种菜式属于每星期中的哪一天，那也是雷打不动，严格遵守。到今天，士林开了快二十个年头了。虽说与那些百年老店相比，还是年轻得很，不过对于一个西餐外卖来说，坚持着传统风味能做这么久，实在是十分难得。所以，这士林西餐给我的感觉其实是一种富有亲和力的高雅，一个天津卫里充满历史感的地方。

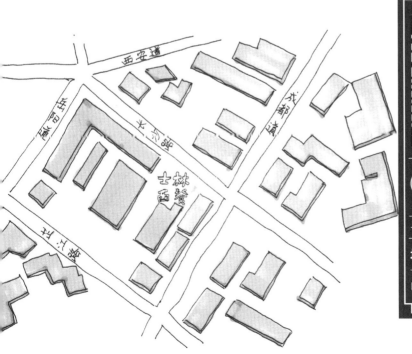

吃

士林西餐

地址：和平区长沙路52号(近成都道)

电话：022-23398587

Route   23

小|伦|敦

"牛排很纯正，培根烤得倍儿香，我最爱这鲜榨的果汁了，还有……"有时觉得美食就是有这样一种拉近人心的力量。

　　十多年前，发小去了伦敦，临行前，在我的纪念册上写下了长长的一段约定。十多年后，她正式从英国回来，重聚地点：小伦敦。

　　选择这里，不仅是因为名字，更是因为这里的怀旧氛围。一座看似简单的小洋楼，其实是北洋大学第三任校长赵天麟的故居。细看门前的牌子，中国近代史的沧桑由此可见。缓缓走进去，昏黄的灯光配着整个餐厅的基调颜色，温暖而沉静。选择一个靠窗的位置坐下，一抬头，满眼的贴纸留言。

　　久别重逢，我和朋友的谈话竟从这满墙的留言开始。有孩子写给爸爸妈妈的，歪歪斜斜的字体，满是吃到好吃的的激动心情。有情侣间浓浓的爱意字里行间。当然，还有朋友间的，有离别的，有重聚的……一面墙，写满了喜悦或是悲伤。灯光昏暗，思绪悠长，古旧的建筑里读着别人的回忆与往事，聊着我们自己的昔日时

光，像极了旧电影里的某个画面，有温暖人心的力量。

　　菜品上齐，黑胡椒牛排、厨师沙拉、培根披萨，两杯鲜榨饮料，熟悉的味道，与记忆中的一样，总让人想起过去的场景。吃了十年西餐的发小一副满意的神情，心满意足的样子与小时候一样，"牛排很纯正，培根烤得倍儿香，我最爱这鲜榨

的果汁了，还有……"有时觉得美食就是有这样一种拉近人心的力量。即使许久未见，或许仅仅是因为吃到熟悉的吃食，也可以让人回忆起当时的时光。

吃着地道的西餐，享着安静的怀旧氛围，和好友一同聊聊回忆、话话未来，觉得这就是所谓的幸福。时光流转，年龄在变、容貌在变，不过人心未变，友谊未变，对幸福的感受未变，奇妙的是这承载记忆的西餐厅也未变。

◎满墙的回忆，属于每位食客的曾经

临走，朋友也拿便利贴留了言，一张贴在墙上，送给小伦敦。一张塞到我的手里，和十多年前长长的纪念留言不同，这次的只有一句话：下周多叫上几个人接着聚，地点：小伦敦。

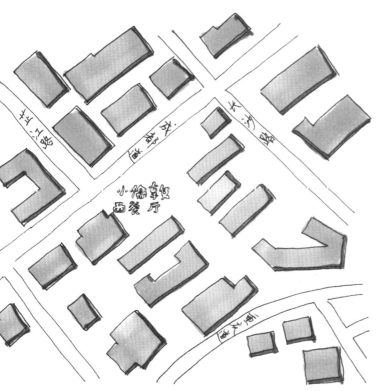

吃

小伦敦西餐
厅

地址： 成都道73号
电话： 022-23128998

Route 24

薛｜氏｜菜｜馆

家常！家里那味儿才对口儿！河鱼、海虾、爆肉、素炒，对应的是鱼、虾、肉、菜，这是老天津卫人餐桌上绝对常见的食材。

特色主食

	小份	大份
羊肉烩面	15	20
肉丝烩面	20	
肉丝捞面		15
鸡蛋捞面		15

特色菜

	价位份
辣椒炒肉	38
熏排骨	48

　　这是已故津菜专家马金鹏老师经常来的一个饭馆，就因为这，我们当初才非要拍一拍这个地界儿。

　　说实话，店面不出众，装修不出众，地点更是一般般。台儿庄路这一条路上就没几个饭馆儿，这位薛氏正面对着海河，背身儿靠着大楼，表面上看交通方便景色优美，实际上啊，对于饭馆儿来说，这儿的风水可不老好的。

您猜怎么着，这背静地儿还真出了这一枝独秀！

节目组前期探道儿的时候去了仁人儿，进屋考量了一下环境，干净，简单，垫在桌儿上的透明玻璃挺透亮，过关。拿起菜单儿，溜了一眼，清蒸鲈鱼、八珍豆腐、老爆三、酱爆圆白菜，一水儿的天津家常菜，还行。为了尽可能地尝尝不同的口味，这仁人点了四个菜，等到菜一上桌，这算崴泥了，全傻眼了！为吗？哪吃得了啊！四个大菜碟子把整个桌子堵了个满满当当，大碟子可不是为了唬人的，您再看那菜量，那是相当惊人！别说仁人，就是再来仁也吃不了！那您肯定得问，这菜贵不贵？跟您了说，绝对值实！

　　说完了观感咱再说口感,天津菜最地道的叫吗?家常!家里那味儿才对口儿!河鱼、海虾、爆肉、素炒,对应的是鱼、虾、肉、菜,这是老天津卫人餐桌上绝对常见的食材。我们在薛氏这找的对应就是鲇鱼豆腐、烹大虾、老爆三和酱爆圆白菜。别看菜量大,味儿却是很足,鲇鱼鲜豆腐香,大虾个个冒油光,咸香口儿的老爆三,白菜才最馋得慌。别说,这素菜还真是见工夫,厨师们都说,越简单越复

杂，不起眼儿的一盘儿圆白菜，入口要脆，回味要久，汁儿多一分遮了菜的香，少一分则没了菜的味儿。热锅快炒，手起勺落间尽显真本事！

还有一道菜，是我们后来光顾发现的，老板说天儿冷，给你们做点儿热乎的吧。于是乎，这道羊肉烩面就被热气腾腾地端上了桌。纯正的羊肉小块配上羊骨汤，再加上软硬适中的面条这么一烩，嗬，真香，真舒服，真熨帖，真是人间美味啊！

薛氏菜馆少说开了也有二十年了，地方换了，这火爆的劲儿一点儿都不减当年。其实原因很简单，老板做生意实在，菜品质量高，客人得了实惠，想不回头都难！

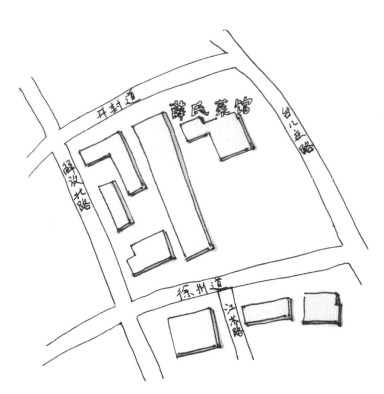

薛氏菜馆

地址：和平区台儿庄路
37号(近大光明桥)
电话：022-23317758

Route　25

宽｜庭｜酒｜店

　　人家大厨把各种拿手菜的配料都告诉给了我，回家我可就让老婆依葫芦画瓢地做了。可我们家这位二嫂子怎么做也不是味儿。

◎我必须尝遍头一口

作为土生土长的天津人，我对天津的吃食是打骨子里就有那么一份热爱。要说是懂吃我谈不上，不过要说是爱吃、讲吃，那我绝对没跑儿。哪儿开了家新饭馆儿，哪家出了新鲜菜品，我绝对第一时间赶去尝尝。

　　于是乎，我发现了这么一样吃食，总觉得得跟大家伙儿推荐一下。这道菜啊，在咱天津卫绝对是新鲜极了，它是一家叫宽庭酒店的看家菜，而且据说整个咱天津卫就这么一家有这道菜，到底是吗呢？我先卖个关子，跟您说副对联您听听，叫"天上有斑鸠，河里数泥鳅"，吗意思呢？不是说俩动物长得丑啊，是说它们都倍儿有营养。斑鸠咱是不指望吃上了，但泥鳅那是必须得品尝。

　　这是道压锅菜，就是靠气压，使这原料、汤汁都入了味儿，又让泥鳅的营养不流失。那家伙菜一出锅啊，酱香味儿浓极了，而且那泥鳅的肉鲜嫩、滑腻，绝对倍儿爱（nài）人，适合咱天津人的口儿。

　　除了独一份儿的压锅大泥鳅，宽庭酒店的新鲜菜样还真是不老少。像什么酱爆栗子全贝啊，风味茄瓜啊，听着新鲜，但却又都是咱老天津的传统菜，人家大厨说了，这儿，讲究的就是叫老菜新做。应我这老主顾的要求，人家大厨把各种拿手菜的配料都告诉给了我，回家我可就让老婆依葫芦画瓢地做了。可我们家这位二嫂子怎么做也不是味儿。人家说了，"老公，咱直接去那饭店吃不就得了！"

这宽庭酒店开在了红桥区的丁字沽，咱老天津卫都知道，红桥可是咱天津发祥地，那是老天津人的代表，口儿刁。能开在这美食云集的地方，我算是明白了，人家一是菜好吃，二来又常出新花样，就算你口儿再刁，对味道要求再高，人家也不怕，没准儿心里边还巴望着这些懂得吃的主顾给品评品评呢。

◎有传承，有创新。总之，味儿，错不了

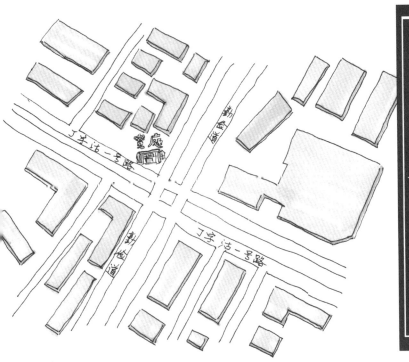

吃

宽庭酒店

地址： 红桥区丁字沽一号路中环线口(近大福来)

电话： 022-58082626

Route 26

利｜民｜调｜料

老天津卫吃酱油最认"光荣牌"。这款有着八十多年历史的老字号，随着儿时的记忆，从大瓶子到小包装，变的是外表，不变的却是那始终如一的味道。

中国人对于调味品的重视程度，在全世界绝对是排在第一位的。近观咱们这儿，天津人如果觉得这顿饭做得不好，随口说出的一句，准是操着浓重天津口音的："这菜，没滋没味儿啊！"

天津人对于属于自个儿城市的滋味儿，有着特殊的偏好和选择。我去上海，跟上海的美食家们交流，他们说他们上海菜的精髓叫"浓油赤酱"，等回到天津，我一细琢磨，咱天津卫的调味品最经典，传承最久的不也是这一油一酱吗？

先说酱油，只要是咱天津卫，不管
是60后、70 后还是80后，都有小时候
拿着大瓶子打酱油的经历。那时候一大
瓶酱油刚好四斤，价钱不贵，六毛二。
家长一般给上七毛，打酱油的同时还能
在小卖部里随便买点这糖那果的，儿时
最大的满足感也不过如此吧。老天津卫
吃酱油最认"光荣牌"。这款有着八十
多年历史的老字号，随着儿时的记忆，
从大瓶子到小包装，变的是外表，不变
的却是那始终如一的味道。天津人吃饭
口儿刁，吃不惯南方人的这抽那抽，甭
管是老太太熬鱼，还是大嫂子炖肉，离

不开的永远是咱自个儿好的这口"清酱"。物质短缺的时代，一勺清酱一把葱花就是能就一个馒头的有滋有味儿汤。生活幸福的今天，要色有色，要味有味的老"光荣"，同样在我们厨房里和餐桌上如影随形。

再说另外一酱，那当属面酱了。利民面酱最经典的包装便是白白的小袋，上面画着一只烤鸭外加面酱的涂装。要说这一款式风行天津卫二十年那是绝对不为过。其实天津人吃面酱绝不仅仅在吃烤鸭的时候，什么烧茄子、炒豆角、熬鱼、酱牛肉等等等等，可以说是贯穿天津人饮食生活的方方面面。还有一点我不得不跟您说，京津两地饮食习惯相近，都说北京炸酱面出名，其实不然。为吗？就因为炸酱的这酱上有着很大的区别。北京用的是黄酱，天津用的是面酱，而还得必须是这利民的老味儿才算地道！走在天津的超市或者菜市场，您跟店家说来袋面酱，放心，没别的，准是利民！

　　天津从近代开始，是个领风气之先的地界儿。而在调料的使用上，也是土洋搭配，传统与现代融合。老味儿在不断地适应着当今，天津人又同样眷恋着这种老味儿。甭说了，这说不清道不明，吃起来认一门的劲头，不正是天津这座城市有滋有味儿的地方吗？

看的是风景，吃的是
—世界保存最完好的意式建筑群